动物王国
大探秘

Discovery of Animal Kingdom

听狮子讲故事

[英]史蒂夫·帕克/著　　[英]彼特·大卫·斯科特/绘

龙　彦/译

U0288152

长江出版传媒｜长江少年儿童出版社

狮子的狂野生活从这里开始……

我是一只让人闻之丧胆的小雄狮，

不用害怕，

今天我只是来讲讲自己的故事。

我们群居生活在东非大草原上，

但每个狮群里只有一只成年雄狮，

所有的小狮子都称呼他为爸爸。

狮群里最辛苦的其实是成年母狮，

她们要生养我们，还要捕食。

捕食有时候可是一件很危险的事哦！

人类常说生于忧患，死于安乐，

我们非常赞成，

喝水时都要警惕岩蟒、鳄鱼的偷袭。

啊，你问我长成成年雄狮子了怎么办？

那时候，爸爸就会把我赶走，

我得开始组建自己的狮群

……

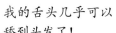
我的舌头几乎可以
舔到头发了!

目 录

我的家族

今天，又是东非大草原上超级热的一天。这个时候，家族里的大人们要么在休息，要么在睡觉。我们都懒懒地躺在周围，一直到黄昏。等天气凉快一点儿，妈妈们就准备去捕猎了。

狮子（雄性）

分类：哺乳动物——肉食性动物

成年身长：约 3 米，包括尾巴。

成年体重：200 千克左右

栖息地：草原、灌木丛、开阔的树林

食物：羚羊、斑马、水牛、疣猪等。

特征：脖子和肩膀周围长有大片长长的鬃毛，牙齿又长又尖，尾巴后面黑黑的，咆哮声很大。

姐姐正在打盹。

小孩们想玩耍，但在这样热的天气里，他们很快就累得不行了。不过，我已经长大了，不再跟这些小孩子一起混了。今天，是我两岁生日。

我和妈妈依偎在一起。

看完图后，你就知道谁是谁了。我们是一个欢乐的大家庭。不过，去年有点不一样。新爸爸来了，赶走了旧爸爸，当起了老大，他还杀了那两个最小的小孩！后来还……

狮子的饥饿程度

饿得要命——发动猛烈攻击

非常饥饿——发动大攻击

饥饿——发动一般攻击

吃饱了——发动一点攻击

从这个图标可以看出：我们有多饿，我们家族的威胁就会有多大。

新爸爸高大、凶猛。他是老大！

二妈是妈妈的妹妹。

小表弟想去玩耍。

大草原上的朋友们

小时候，我一直待在妈妈身边。现在我长大了，可以自己出去闯了。昨天，我跑到泥巴谷，跟大草原上的几个朋友一起玩。我们是悄悄见面的，因为我家族里的大人们会把他们当作食物，而不是朋友！

我的鬃毛开始长了。

朱乐的长鼻子。

这里将会长出长长的尖牙。

朱乐是一只小疣猪，他喜欢大口大口地吃草、树皮、树根和果子。有时候，他也会吃死掉的动物。等他长大了，他的尖牙就会跟我的獠牙一样长。

河马小小跟我一样，已经两岁了。她除了草，基本上什么都不吃。好难吃啊！等她长大了，她的门牙比我的还大呢！

河马没有毛发！

已经长出了一些的鬃毛！

小小 —— 脚趾是张开的。

我 —— 四个脚趾，一个脚掌。

朱乐 —— 两个蹄状的脚趾。

我们在泥地里画脚印。我们的脚印可不一样哦！

朱乐的长蹄子上不长爪子。

疣 猪

分类：哺乳动物——有蹄类哺乳动物

成年身长：1.8米，包括尾巴。

成年体重：50至150千克

栖息地：草原、灌木丛、开阔的树林

食物：草、果子、其他植物、小动物、腐肉（死掉的动物）

特征：鼻子又长又宽，背上只有一点鬃毛，獠牙又长又尖，可用来挖掘和战斗。

在格雷河

每隔几天，我们就会到格雷河那儿慢慢地喝水。其他动物会给我们让出一大块地方。我们全都在一起时，没有人敢惹我们。这就是家族力量呀！

姐姐在一旁等着。

妈妈待在新爸爸旁边。

喝得饱饱的，可以让我们维持三天。

喝水的时候，要时刻警惕危险。

今天，河马小小的家族也在这儿。他们家族里的大人长得太大了，我们家族不想捕杀他们。就算我们发动攻击，他们也可能会藏到水下，躲避我们或游走。

小机灵是一条岩蟒。她身体很滑，非常机灵、非常可怕。她的伪装术相当厉害——在灌木丛里，真的很难发现她。要是她抓住了我，很可能一口就把我吞进肚子了！

小机灵饱吃一顿，可以维持好几个月。

河 马

分类：哺乳动物——有蹄类哺乳动物

成年身长：3.5 米

成年体重：约 2 吨

栖息地：河流、湖泊、沼泽

食物：草、树叶、果子

特征：体型庞大，嘴巴很宽，门牙很长，尾巴很小。

厚厚的鳞屑可以保护小鳄。

河马们都是游泳健将和潜水能手。

小鳄是一只鳄鱼，也是一种爬行动物。他漂浮在水里，就像根木头一样。所以，我们很难发现他。但是，如果他发起攻击，他那根鞭子一样的尾巴一下就能把一只狮子打翻。大家都怕被他咬一口。

游戏时间

今天下午，我跟所有的表亲一起翻跟斗、摔跤，大玩了一把。当然，这不仅仅是为了好玩。我已经长大了，我知道游手好闲很不好。其实，我们这是在练习捕猎呢！

这一招叫"弹跳扑"。

小表弟还很害羞。

耳朵竖起来，意味着"友好"。

我拍了拍二表弟的耳朵！

通过战斗游戏，可以看出谁最厉害。当我们这群小孩争抢食物时，最厉害的狮子就要出来制止：宁愿饿着，也别弄出伤来。

我的爪子有一部分没伸出来。

打磨技巧
游戏时间也是学习时间

所有的小狮子都会通过游戏来练习捕猎能力，其中就包括"边看边闻""悄声接近""突然袭击""弹跳扑"以及"压倒速咬"。要想学习和提高你的判断力、肌肉力量和协调能力，最好的方式就是和朋友们一起玩游戏。

游戏可能看起来有些暴力，其实是没有伤害的。

我的旧白齿

我的乳牙（犬齿）

刚满一岁不久时，我在一次玩耍中发现我突然长出了一对乳牙。我很注意保护它们。现在，慢慢地，我长出了大大的犬齿。简直太奇妙了！

大表姐的爪子抓来抓去。她在测试她的肌肉。

我小心地注意着二表弟的动作，以免游戏玩过火了。要是他耷拉着耳朵，张大嘴巴，快速地甩尾巴，我就得去叫他停会儿了！

开玩笑地把尾巴摆来摆去。

捕猎去！

太阳一落山，所有的妈妈和大姐姐们就要出去捕猎了。她们发现了一群大羚羊，让我在后面远远地跟着。不过，我慢慢地爬近了一些，躲在一个石头后面，看着他们。妈妈们挑了一只腿不太好使的老羚羊。

大部分大羚羊都逃走了。

三妈和四妈把老羚羊和大羚羊群分开了。

老羚羊没办法逃跑。

大姐驱赶着老羚羊。

干妈妈们在老羚羊和其他羚羊之间移动，大羚羊们很快跑开了。大姐慢慢走到了老羚羊身后，以防老羚羊看见她。

我在一旁看着。真是太精彩了！

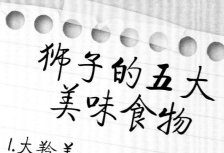

狮子的五大美味食物

1. 大羚羊　　2. 斑马
3. 牛羚　　4. 瞪羚
5. 疣猪

大羚羊

分类：哺乳动物——有蹄类哺乳动物

成年身长：约3米

成年体重：600千克左右

栖息地：开阔的树林、灌木丛、多岩石的干燥地区

食物：植物——花、草、果子、树皮、树根。

特征：头上有又长又尖又弯的角，背上鬃毛很少，腿很长。

妈妈准备给他致命一击。

二妈也准备好出去了。

妈妈正站在一旁，一动不动地、悄悄地等着，大姐慢慢地把老羚羊赶到了妈妈那边。往前一冲、纵身一跃！妈妈对着老羚羊的脖子狠狠一咬。二妈紧跟着扑上去咬肚子。还不到一分钟，就搞定了。真是太厉害了！

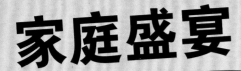

家庭盛宴

新鲜的嫩肉，真好吃！新爸爸总是第一个吃，不过他很快就会让妈妈、大姐，还有几个小孩，跟他一起吃。大孩子和干妈妈们就先等着。这只老羚羊可真大，够我们家族吃上好几天了。

记得我六个月大的时候就不吃妈妈的奶，开始吃美味的鲜肉了。一开始，我吃得嘴巴好累啊。现在，我差不多只要半个小时，就可以撕开肉，慢慢嚼了。

狮子的饥饿程度

饿得要命——发动猛烈攻击

非常饥饿——发动大攻击

饥饿——发动一般攻击

吃饱了——发动一点攻击

新爸爸总是第一个吃。

我就在新爸爸旁边——要尊敬他！

二表弟用门牙轻轻地咬。

每次捕到这样的大猎物后，我们就会一直吃，直到肚子饱饱的，然后睡一觉，再起来接着吃！因为，我们都不知道下一顿是什么时候。可能会是好几个星期之后呢。

干妈妈们也在等着我们吃完。

真好吃——我们喜欢内脏！

大姐痛快地吃着。

妈妈用臼齿把肉咬断。

今日菜单

还在跳动的心脏

热乎乎的内脏

肋骨

多汁的肝脏和肾脏

鲜血大汤

剩饭剩菜

我们吃了又吃，最后终于把大餐吃光了。食腐动物们会过来把骨头挑走，把角和蹄子咬碎。鬣狗经常是第一个来的。随后，秃鹫和胡狼也会来。

我们家族在一边为我们的脚掌、爪子、牙齿和胡须做清洁。

鬣狗长得又大又强壮。

秃鹫长着长长的脖子，可以伸到尸体的里面。

秃鹫也要当心鬣狗。

胡狼站在一旁，还得等会儿。

新爸爸和其他狮子在阴凉的地方躺着。我还不累，还可以去追一两只秃鹫。当然，这可不是为了好玩，这是练习！我要让自己看起来凶一点，最好让其他动物都害怕我。

我时刻留意着我的家族是否还停留在那。

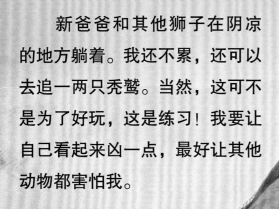

白背秃鹫

分类：鸟类——猛禽

成年身长：约110厘米

成年翼展：2米多

成年体重：7至11千克

栖息地：草原、灌木丛、矮树丛、开阔的树林

食物：所有死亡的动物

特征：翅膀很大，嘴巴又硬又弯，脑袋和脖子上的毛很短。

幸好，秃鹫脑袋和脖子上的毛比较短。如果很长的话，就会被血浸湿了。胡狼好像什么都吃——连皮和毛都吃！

黑背胡狼

分类：哺乳动物——肉食性动物

成年身长：算上尾巴，约有1.2米。

成年体重：7至15千克

栖息地：草原、灌木丛、矮树丛、开阔的树林

食物：动物——从老鼠、虫子到羚羊、蛇。

特征：嘴巴很有劲，牙齿很厉害，背上的毛是银黑色的，又浓又黑，尾巴尖尖的。

迷路了！

妈妈们很担心我们这些小孩。虽然我们已经不是小婴儿，但我们又还没成年。她们总说我们走得太远了，太危险。她们说得也许没错。昨天晚上，我就出去走了走……结果走得太远，差点出了意外！

寻狮启事！

你有没有见过这只小狮子？我们家族走丢了一只小狮子。如果你有任何线索，请与大草原动物守卫处联系。

小豹的尾巴嗖嗖地挥着——她是不是闻到我的气味了呢？

那时，我正跟着一只小瞪羚的踪迹，一边走，一边用鼻子在地上闻着。突然，我听到了沙沙的响声。我一抬头，是一只小豹。天哪！她一口就可以把我吃掉！太可怕了！

我的家族要离开了。

还好，小豹没有发现我。我在石头那边发现了一个小缝隙，飞速地钻了进去。小豹在附近打了个转……然后就走了。我刚从石头里跳出来，就看到了我的家族正在不远处，于是，我赶紧跑过去。

豹 子

分类：哺乳动物——肉食性动物

成年身长：0.9 至 1.9 米

成年体重：37 至 90 千克

栖息地：大部分地方——从到处是岩石的小山，到灌木丛、森林、湿地。

食物：小至老鼠、鸟类，大到羚羊、斑马。

特征：啃咬的时候非常有劲，外皮有斑点，腿和爪子都很长，适合攀爬。

石头这里有块小小的缺口，可真是救命口啊！

我们的领地

新爸爸的吼叫声震得大地都摇晃了。

我回到家族里就安全了。保卫我们的领地是新爸爸的主要任务。他甩一甩他那了不起的鬃毛，咆哮着，号叫着，吼着。真厉害啊！我也小心梳理着自己新长的鬃毛。长得可真好看呀，对吧！

妈妈们和小孩们在晒太阳。

新爸爸的叫声能传到很远的地方，并让其他狮子知道：这是我们家族的地盘。这是我们的领地，我们在这里住，在这里捕猎。我负责保卫这里。你们都别过来，不然，我可就不客气了！

又闻到妈妈和其他家人的味道了，感觉真好！

看看我们的领地鸟瞰图……

大水洼

1.在岸边丢便便。

2.在石头山上咆哮。

5.抓树干。

朱乐

又看到小鳄了!

格雷河

沙谷

上个星期的老羚羊的骨头

树荫林

明天的大餐?

4.在树下撒尿。

3.在石头上蹭蹭脸,留下气味。

新爸爸会留下记号(有时妈妈们也会这样做),告诉其他狮子:这里是我们的领地。他们在树上抓一抓,撒泡尿,然后丢几块便便,把他们的味道留在石头和植物上。这都代表着一个意思,那就是:陌生狮子,请勿靠近!

21

新来的

三妈又生了一个新宝宝——好可爱！几个星期前，三妈离开了家族，现在带着小小表弟回来了。母狮喜欢在离家族很远的隐蔽的洞穴里悄悄地生小孩。

妈妈们是这样带小孩的。

大表哥在假装睡觉。

我还记得我刚出生那会儿，差不多有一个星期的时间，到处都是黑乎乎的。后来，我慢慢可以睁开眼睛了。到了第三个星期，我才学会走路。现在回想起来，好像过了很久很久啊。

小表弟等不及要去玩耍。

小小表弟最爱喝奶。

所有的妈妈都会照看小小表弟。这就是家族一起生活的好处啊。新爸爸也很热心，因为他是小小表弟的爸爸。去年他杀掉的那些可怜的小孩，都不是他亲生的，他不希望他们留在这里。

新爸爸对自己的小孩很有耐心。

新爸爸特别得意——这是他的第一个儿子！

我的鬃毛长得非常快。

我还是个小婴儿的时候，就待在一个洞穴里。我妈妈会出去捕猎，不过她经常回来给我喂奶。每个星期，她都会带我换一个新洞穴。如果我们在一个地方待得太久，就会留下很重的气味，敌人就会发现我们。

23

遇到危险！

一只死掉的成年水牛，可以让我们家族吃上一个星期。不过，一只活着的水牛，可以杀掉一只成年狮子。所以，捕猎才会很危险，就像我们今天遭遇的……

一只水牛大概有我们四个这么大！

这些大牛角可以轻而易举地刺伤我们。

妈妈努力保护着孩子。

成年水牛又大又重，皮还厚厚的，牛角也特别吓人。要是突然出现一群水牛，那简直要吓死人！水牛群一边嗅，一边跺脚，他们发现我们，立马**冲了过来**！

就连妈妈和新爸爸都慌了。我们飞快地奔跑起来，逃离那些重重的蹄子和摇摇晃晃的牛角。后来，我们家族又重新聚集在一起，可是，二妈和二表弟在哪呢？而且，我们所有人都还饿着肚子……

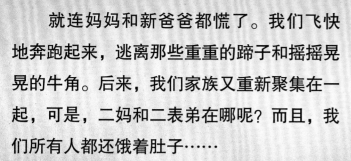

非洲水牛

分类：哺乳动物——有蹄类哺乳动物

成年身长：算上尾巴，约有 3 米。

成年体重：425 至 900 千克

栖息地：沼泽、森林、草原

食物：草、芦苇、植物的芽、花、果子

特征：弯弯的大牛角，头很低，身体庞大。

这个时候，就算是新长出来的鬃毛，也帮不上什么忙。

第一次捕猎

今天，我第一次自己捕到了猎物！我在荆棘丛附近发现了一个新地洞。然后，我就在一个黑暗的地方等着，等地洞的主人回来。终于，就在太阳快升起的时候……

我的大犬牙已经
准备出击了。

跳兔努力地跳着
——但是太慢了。

一只跳兔蹦到了地洞口。她停了一下，大概也就一两秒钟。我抓住这个机会，弯下腰，慢慢地靠近她，然后猛地扑了上去。

跳 兔

分类：哺乳动物——啮齿动物

成年身长：约 40 厘米，尾巴则长达 50 厘米。

成年体重：约 3 千克

栖息地：只生活在非洲南部的干草原和荒漠中。

食物：草、种子、根、茎、一些昆虫

特征：耳朵很长，前腿很短，后腿又长又有劲，尾巴多毛。

除了毛，其他的，我全都要吃掉。

一只跳兔可能算不上什么大餐，但是，一想到完全是靠自己抓到的，我就特别开心。我要加紧练习，因为妈妈说过：等我到了三岁，新爸爸就会赶走我。

我练习用的小猎物

1. 鸟、蛋、小鸟

2. 老鼠、野兔

3. 蜥蜴、蛇

4. 地松鼠、跳兔

5. 小疣猪

我开始独立了！

今天早上，妈妈说的那件事就真的发生了。新爸爸叫我离开。因为，快成年的雄狮会威胁到他的统治。我舔了舔妈妈，跟她道别，然后甩了甩我的鬃毛，离开了。

我的家族盯上了狒狒。

狒狒的牙齿又大又尖！

狮子的饥饿程度

饿得要命——发动猛烈攻击

非常饥饿——发动大攻击

饥饿——发动一般攻击

吃饱了——发动一点攻击

我的家族饿得要命。
他们很可能会猛烈地
攻击狒狒！

我准备好就赶紧上路了。

我骄傲地离开了。但是，我的内心深处却很紧张。没有兄弟，也没有表兄弟可以帮我了。然后，我发现狒狒们朝着我这边来了，他们看起来又凶又厉害。一只单独在外的狮子很可能被他们杀掉！不过，我很走运，住在山那边的另一个家族的小金正经过这里……

联合行动
给年轻狮子的忠告

母狮：跟自己的家族成员待在一起。不要试图加入另一个家族，那会很危险。

雄狮：离开家族，和一个兄弟、表兄弟或其他年轻狮子一起组成联合队伍（合伙）。过几年，再发展自己的家族，或者接手其他家族。

联合在一起，要比独自一人活得更久些。

小金也离开了他的家族。

小金和我结成了朋友，不过我们会分开捕猎。等哪一天我发现了虚弱的老狮子，就会把他赶走，接管他的家族——就像新爸爸赶走旧爸爸那样。太厉害了！

大家眼里的我

我见过许多动物，我知道他们眼里的我是什么样的。一起来看看吧……

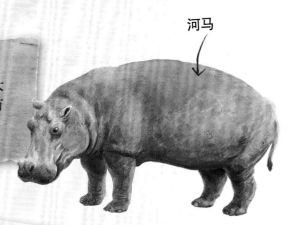

河马

" 要是现在有狮子靠近我，我就看着他，张大嘴巴。这可不是无聊，也不是累了在打哈欠，而是要让他好好看看我的大嘴巴和大牙齿！ "

豹子

" 那只狮子小的时候，差点被我抓住。不过，现在他长大了，我得离他远点。小狮子可好吃了。光是他那吼声，就震得我耳朵疼。 "

水牛

" 我们让那些狮子见识到了到底谁最大、最厉害！还有，我觉得雄狮特别懒，在狮群里，所有的重活都得母狮干。 "

大羚羊

" 小时候，我们在一起比这比那，觉得很好玩。可现在再看到狮子，我就要，哼哼哼，用我的獠牙拱他，然后赶紧逃跑！ "

" 那只狮子杀了我最好的朋友，我恨他。这种担忧让我们得时时警惕，处处小心。 "

疣猪

动物小辞典

狒狒：一种大型的强壮的猴子，嘴巴突出，鼻子像狗，手指和脚趾很有劲，尾巴很短，牙齿又长又尖。

猛禽：一些鸟类，长着又尖又弯的嘴巴，爪子又长又尖，会捕食其他生物。白天飞行的猛禽主要有鹰、秃鹰、猎鹰、秃鹫，夜间飞行的有猫头鹰。

地洞：一个长长的洞穴，像隧道一样。动物挖好地洞后，可以藏在里面休息和睡觉。

肉食性动物：一类动物，主要吃其他动物的肉。

臼齿：在狮子身上，会长出又大又宽的后牙，上面有锋利的纹路，能咬穿肉类、咬碎骨头。

联合队伍：一小群动物，一般两到四个，它们在一起，主要是为了安全，为了合作，不过，它们可能会分开捕食。

洞穴：像"家"一样的地方，动物在那里休息和睡觉。洞穴可能是地洞，也可能是山洞；可能在木头或石头下面，也可能在树根或灌木附近。

瞪羚：一种有蹄类哺乳动物，中等大小，跑得很快，吃植物。是羚羊中的一种，它们长着长长的腿和又长又尖的角。

畜群：一大群动物，大部分时候都待在一起。一般都是草食性动物，比如长着大蹄子的哺乳动物。

有蹄类动物：一些哺乳动物（长着皮毛的恒温动物），它们脚上长着坚硬的蹄子，不长爪子、脚掌或者指甲。有蹄类动物的范围很广，从犀牛、猪，到骆驼、鹿、马、牛、绵羊、山羊、瞪羚以及长颈鹿。几乎所有的有蹄类动物都是草食性动物。

鬣狗：一种长得像狗的动物，背部是向下倾斜的，一直到后腿。它们撕咬起来非常厉害。鬣狗通常会群居生活在一起。

狮子家族：一群生活在一起的狮子，一般会有一两只雄狮、几只母狮和它们的孩子。

大草原：一片干枯的平地，那里只有几棵树，甚至根本没有树，那儿基本上只长草。

食腐动物：一些动物，它们吃死掉的动物，或者尸体，还吃别的食肉动物吃剩下来的东西，任何快要死的、已经死的或者正在腐烂的零碎的东西，它们都吃。

领地：一个动物生活、进食、繁殖的地方，这个动物会保护这里，防止其他同类闯入。

秃鹫

我觉得啊，狮子还是有点儿用处的。我们吃的东西，都是他们捕杀的。不过，他们会飞吗？会啄东西吗？会咕咕叫吗？唉，他们可不会！

图书在版编目(CIP)数据

听狮子讲故事／（英）帕克著；（英）斯科特绘；龙彦译. —武汉：长江少年儿童出版社，2014.5
（动物王国大探秘）
书名原文：Lion
ISBN 978-7-5560-0207-8

Ⅰ.①听… Ⅱ.①帕… ②斯… ③龙… Ⅲ.①狮—儿童读物 Ⅳ.①Q959.838-49

中国版本图书馆CIP数据核字（2014）第009838号
著作权合同登记号：图字17-2013-263

听狮子讲故事

［英］史蒂夫·帕克／著　　［英］彼特·大卫·斯科特／绘　龙　彦／译
责任编辑／罗　萍　叶　朋　孙冬梅
装帧设计／叶乾乾　美术编辑／郭　盼
出版发行／长江少年儿童出版社
经销／全国新华书店
印刷／当纳利（广东）印务有限公司
开本／889×1194　1／12　3印张
版次／2024年1月第1版第17次印刷
书号／ISBN 978-7-5560-0207-8
定价／22.00元

Animal Diaries: Lion
By Steve Parker
Project Editor Carey Scott
Illustrator Peter David Scott/The Art Agency
Designer Dave Ball
QED Project Editor Tasha Percy
Managing Editor Victoria Garrard
Design Manager Anna Lubecka

策划／海豚传媒股份有限公司
网址／www.dolphinmedia.cn　邮箱／dolphinmedia@vip.163.com
阅读咨询热线／027-87677285　销售热线／027-87396603
海豚传媒常年法律顾问／上海市锦天城（武汉）律师事务所　张超　林思贵　18607186981